U0021665

FATCHI ENCYCLOPEDIA

肥志百科8

原來你是這樣的動物 D篇

肥志　編繪

時報出版

肥志百科8

原來你是這樣的動物

D篇

編繪　肥志
主編　王衣卉
企劃主任　王綾翊
校對　曾韻儒
全書排版　evian

總編輯　梁芳春
董事長　趙政岷
出版者　時報文化出版企業股份有限公司
一〇八〇一九臺北市和平西路三段二四〇號
發行專線　（〇二）二三〇六六八四二
讀者服務專線　（〇二）二三〇四六八五八
郵撥　一九三四四七二四 時報文化出版公司
信箱　一〇八九九臺北華江橋郵局第九九信箱
時報悅讀網　www.readingtimes.com.tw
電子郵件信箱　yoho@readingtimes.com.tw
法律顧問　理律法律事務所　陳長文律師、李念祖律師
印刷　和楹印刷有限公司
初版一刷　2024年2月23日
初版二刷　2024年7月1日
定價　新臺幣480元

中文繁體版通過成都天鳶文化傳播有限公司代理，由廣州唐客文化傳播有限公司授予時報文化企業股份有限公司獨家出版發行，非經書面同意，不得以任何形式，任意重製轉載。

All Rights Reserved. / Printed in Taiwan.

版權所有，翻印必究

本書若有缺頁、破損、裝訂錯誤，請寄回本公司更換。

時報文化出版公司成立於一九七五年，並於一九九九年股票上櫃公開發行，於二〇〇八年脫離中時集團非屬旺中，以「尊重智慧與創意的文化事業」為信念。

肥志百科．8，原來你是這樣的動物．D/肥志編．繪．-- 初版．-- 臺北市：時報文化出版企業股份有限公司，2024.02

212面；17×23公分

ISBN 978-626-374-880-4(平裝)

1.CST: 科學 2.CST: 動物 3.CST: 通俗作品

307.9　113000395

目錄

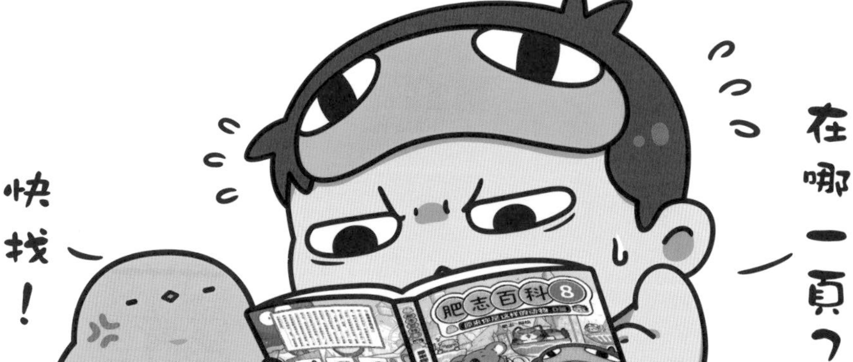

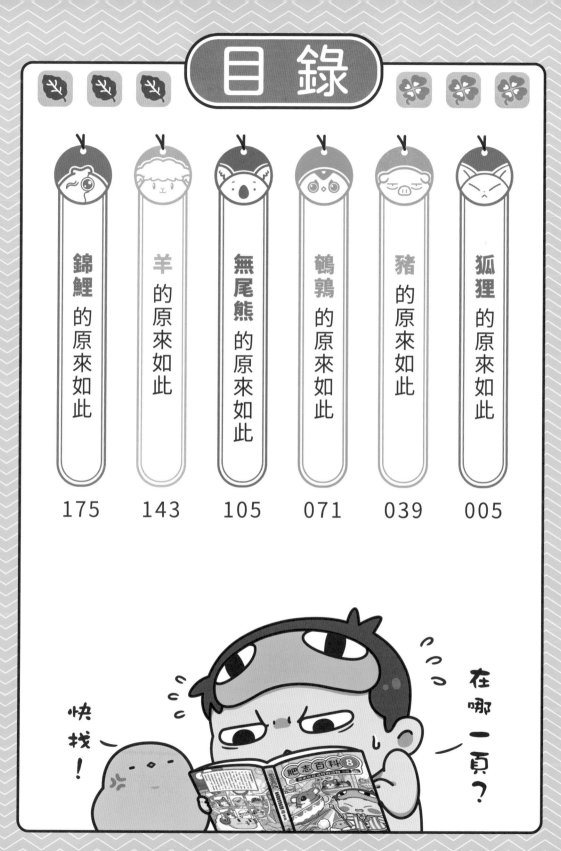

狐狸的原來如此

說到**狐狸**，

牠給人們的印象總是**負面**的。

形容人**凶殘狡猾**，

會說**豺狐之心**；

形容**仗勢欺人**，

會說**狐假虎威**。

而**「狐狸精」**，

甚至被拿來形容**魅惑**他人的**第三者**。

可是……動物那麼多，為什麼**第三者**

偏要拿**狐狸**來代指呢？

這件事，還得**從頭說起**——

狐狸一般是指**犬科狐屬**動物，

大多是**尖尖的臉**，

毛茸茸的**大耳朵**，

配上**修長**的身體和尾巴，

總是給人一種**矯健和機警**的感覺。

而事實也**確實如此**，

狐狸不僅**擅長**捕食兔子、老鼠等動物，

還能利用自己的足跡留下**「假線索」**，
用來**誤導**獵人的追蹤。

這樣一種**有顏值又機智**的動物，

使我們的祖先對牠也充滿**遐想**。

例如**《山海經》**中就有一句。

有獸焉
其狀如狐而九尾
其音如嬰兒
能食人
食者不蠱

說的是在一座叫青丘的山上

有一種有**九條尾巴**，

能吃人的**狐狸**，

「九尾狐」最早就是這麼來的。

而「遐想」也能帶來**「崇拜」**，

古人就覺得狐狸能帶來**祥瑞**。

例如，傳說中的**大禹**因為**忙於治水**，

30 歲了都還打著**光棍**，

直到有一次他偶遇一隻**九尾白狐**，

這讓他感覺是個**好兆頭**，

果不其然，
不久後他就**「脫單」**了。

呃……雖然聽起來**很荒誕**，
但狐狸的早期形象還是挺**正面**的。

就連當時**秦末農民大起義**，

陳勝、吳廣都要利用狐狸

為自己**喊口號**，

就是因為狐狸代表的**神性**。

那麼……如此「神聖」的狐狸，

風評是怎麼**被害**的呢？

有學者認為這和一個人有關，

他就是東漢末年的**「經神」**——鄭玄！

鄭玄是給《詩經》等古籍**做注解**的行家。

春秋時期，
齊國的君王齊襄公**私生活混亂**，

以至於《詩經・齊風》裡
有近**三分之一**的內容都跟他有關，

其中一句，

南山崔崔
雄狐綏綏
魯道有蕩
齊子由歸

描寫的就是齊襄公的**風流韻事**。

鄭玄憤怒地在這句批注道：
「淫蕩的齊襄公
簡直和**雄狐狸一樣下流**！」

就這樣……

狐狸從此就被莫名地貼上了

「好色」的**標籤**……

加上當時民間還流行

動物能**「修煉成精」**的說法，

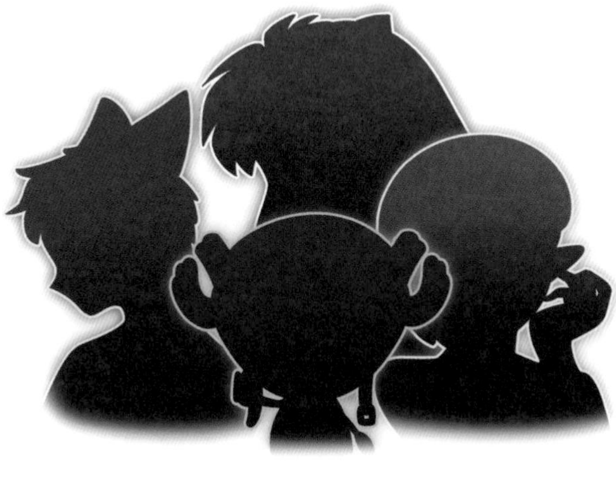

「好色」撞上「妖精」……

「狐狸精」這個詞就這麼出現了。

不過這時的「狐狸精」大多指的是**公狐狸**，

罵的也是**男性**，

專指**女性**的用法還得等到**唐代**。

唐代女性**地位**一度**大幅提高**，

武則天、**韋皇后**、**楊貴妃**等，
都在宮廷引起波瀾。

後來人們便把唐代**衰敗**的原因

歸咎到她們身上。

女狐狸精**禍國殃民**的說法

便慢慢流行了起來。

在這以後，狐狸精化身美女害人的

傳說越來越多。

雖然一些地區仍保留著
對狐仙、狐神的**信仰**，

但人們對狐狸的態度還是以**負面**為主。

順帶一提，
中國的狐狸精傳說還影響到了**日本**。

日本的《神明鏡》裡
出現了一隻叫玉藻前的**狐妖**，

據說她法力高強，
迷得日本鳥羽天皇**神魂顛倒**。

日本人認為，
她應該就是中國的**狐狸精妲己**。

傳說她在唐代時**「移民」**到了日本……

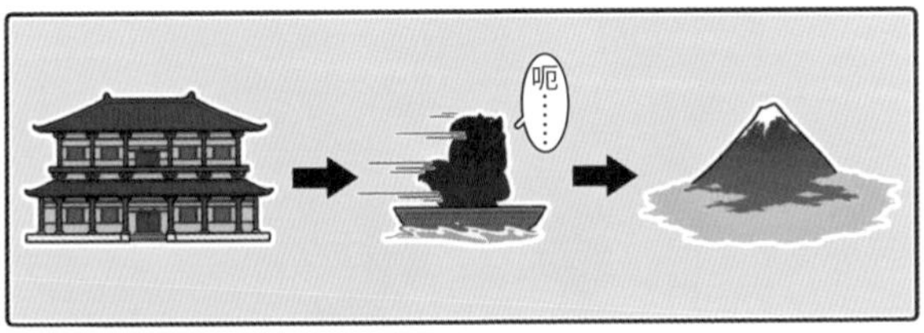

咳咳……那麼，

狐狸真有人們想像的那樣**不堪**嗎？

當然不是！

現代生態學家的研究顯示
狐狸可是草原的**「守護神」**。

牠們**捕食**野兔、草原鼠等食草動物，
能**避免草原**因為過度消耗而**退化**。

我國寧夏從 2003 年起實行
「退牧還草」政策，

但草原恢復了，**鼠害**也跟著來了。

人們想過用毒藥**治理**鼠害，
又怕毒死其他動物，

這時，吃草原鼠的狐狸
就成了草原的**救星**。

科學家們透過**放養狐狸**治理草原鼠害，

只用一年時間，

生活在草原表面的鼠類就減少了 **96%**，

對生態環境完全**無害**。

其實從受人敬仰的**「祥瑞」**，

到**被人唾棄**的「狐狸精」，

都不過是人類給狐狸貼上的**標籤**。

無論人類怎麼看待牠們，

狐狸依然是自然界**不可或缺**的存在，

就像女生開車也能很「順」，

女企業家、女科學家也一樣可以很強，

透過**標籤**看待事物，

得到的結論終歸只是**偏見**！

撕開標籤，放下成見，

我們的世界才會更好！

【完】

附錄

【塗山後裔】

相傳大禹是在一個叫塗山的地方偶遇九尾狐，有一種說法認為他是在當地成親，而他老婆就是那隻九尾狐變的。這種說法在明清時期特別流行，所以當時小說裡的狐狸精常自稱是「塗山後裔」。

【「狐狸精」專家】

清代文學家蒲松齡特別擅長寫「狐狸精」。他在《聊齋志異》寫的狐狸精不僅大多長得美，個性還特別好，以至於當時很多人都幻想著自己能碰上一隻《聊齋志異》裡的狐狸精。

附錄

【草原惡霸】

藏狐是青藏高原和喜馬拉雅山區一種特有的高原狐狸。別看牠們都長著一副憨憨的方臉，牠們經常會去霸占旱獺挖的洞穴，不僅搶來作為自己的窩，有時還會吃掉別人家的小孩。

【城市狐狸】

狐狸在城市也能活得很好。例如，在英國倫敦，狐狸常常大搖大擺地上街。牠們以垃圾為食，進化得不再怕人，還擁有更靈敏的鼻子和更有力的下顎，方便尋找和吃人類吃剩的肉骨頭。

附錄

【妲己的復仇】

在中國的神話裡，妲己是導致商朝滅亡，最後被周朝所殺的狐狸精。據說這個故事傳到了19世紀初的日本時，卻變成了妲己不但沒死，還逃去了印度修煉，後來變成美人褒姒又把西周弄垮了。

【大耳狐】

在非洲有種愛吃蟲的狐狸，叫大耳狐。牠們擁有一雙大耳朵，聽覺十分靈敏，甚至能察覺糞金龜幼蟲從地底爬出地面的動靜，等到這些幼蟲一鑽出地面就把牠們吃掉。

另外就是

在人類的印象中，狐狸一直是聰明又充滿靈性的動物，在大自然中自由自在地生活。但事實上，作為皮毛貿易的主要來源之一，很多狐狸其實都活在人工養殖的痛苦之下。

芬蘭近年來被報導過的「怪物狐狸」就很有代表性。因為面積越大的皮毛越值錢，芬蘭一些農場主會透過選擇培育和餵食高脂肪食物的方法，培育出體重是正常狐狸五倍的「怪物」。牠們外觀臃腫，因為超重沒辦法自由活動，而肥胖帶來的關節炎、眼疾也時刻折磨著牠們。

為了獲取完整的皮毛，農場主們往往還會使用殘忍的方法結束牠們的生命，例如：用毒氣燻或者電擊，這都會再次給牠們帶來巨大的痛苦。正所謂「沒有買賣，沒有殺害」，以人類現在的技術，其實早已經能製造出各種動物皮毛的替代品。我們要做的是改變陳舊的消費觀念，最簡單的道理是，不能把自己的快樂建立在其他動物的痛苦之上。

肥志與小黃

四格小劇場

【第43話　不對勁】

豬的原來如此

說到**豬**，

腦海裡浮現的印象都**不怎麼樣**……

不是**笨**，

就是**懶**，

甚至**髒**……

「蠢豬」還被拿來**罵人**，

太**慘**了吧……

那麼豬真的這麼**不堪**嗎？

在**遠古**時代，

豬，其實是備受崇拜的**「神物」**。

準確點說，

被**崇拜**的應該是牠的**祖先**——**野豬**。

野豬是非常威猛的**野獸**，

牠會**闖入**人類的**農田**，

甚至還會**吃人**！

人類對野豬是**又敬又畏**……

所以，人們對牠的**崇拜**就是這麼來的。

在 **5000 多**年前，
那時候的豬可是跟**龍**一樣**神聖**，

連豬的**形象**……都**變得像龍**。

人們還會給豬**做塑像**，

供奉在廟裡，

以祈求**「豬神」**的庇佑。

但即便再恭敬，
野豬還是會**破壞農田**啊！

於是，有**勇敢的人**就站出來了。

經過**「搏鬥」**，
野豬**最終**被「抓捕歸案」，

豬的**馴養**就是這麼**開始**的。

然而……由於**不再**需要面對
野外艱苦的**生存**環境，

豬的樣子漸漸發生了**翻天覆地**的變化。

不僅駭人的獠牙**變短**了，

堅硬黝黑的**毛髮**也**「柔順」**了不少。

原本**威猛可怕**的野獸……

慢慢成了我們如今熟悉的**「大胖子」**。

又因為豬既**不能耕田**，

更**無法載人運輸**，

每天除了**吃**……就是**睡**……

這……讓人**怎麼**崇拜啊！

也就是從那時起，
豬……開始**遭人嫌棄**……

例如，戰國時代，
荀子就罵那些愛打架的**社會地痞**，

「比豬狗都不如」。

註：《荀子・榮辱》：「鬥者，忘其身者也，忘其親者也，忘其君者也……則是人也，而曾狗彘之不若也。」

明代的《**水滸傳**》裡，

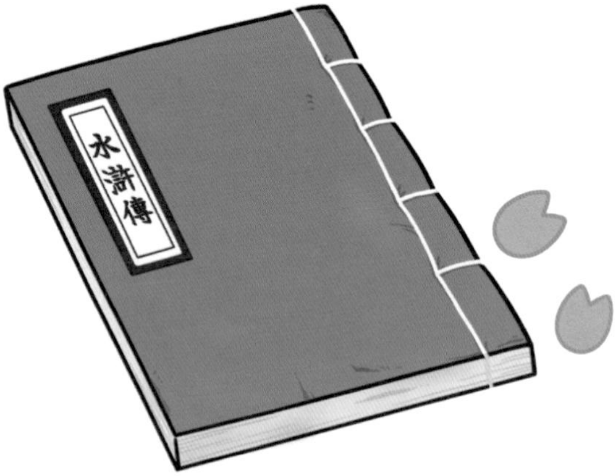

武松跟別人吵架也會罵對方

「老豬狗」。

不過，對豬的**偏見**可不只我們有，

西方也不喜歡豬。

《聖經》認為：
豬是**骯髒**的動物，

死豬更是髒到不能碰。

到了 1918 年**西班牙流感**大流行時，

看起來**髒兮兮**的豬

就被認為是**病毒傳播者**。

真是慘啊……

滾出動物界！
廢物！
又髒又臭！
懶！
醜！
……

經過**長期**的偏見影響，

無論東西方，都把豬跟**貶義**聯想在一起。

偏見

例如：**「豬窩」**、**「豬頭」**、**「豬隊友」**等。

那麼**真實**的豬是怎麼樣的呢？

科學家發現豬可是**很聰明**的動物，

甚至擁有很強的**學習**和**思考能力**。

1990 年代，美國一隻豬豬
為了**拯救**心臟病發的**主人**，

跑到附近的公路中間**裝死**，

成功**吸引**路過的**司機注意**，
讓他們幫忙**救人**。

而且，別看豬一副**懶懶的樣子**，
牠工作起來也**不隨便**。

因為**嗅覺靈敏**，
非常適合用來**找東西**。

例如，美國人就用豬來**緝毒**，

法國人也用豬來**找松露**。

但即便是這樣，

你還是覺得豬豬**不行**？

別忘了，
還可以**垂涎牠的「身體」**！

例如：豬的**油脂**就是很好的**肥皂原料**，

毛髮還能**做刷子**……

甚至因為**基因**和人類比較**接近**，

人們也積極研究，豬的器官用於**器官移植**，

挽救病人的**生命**。

荷蘭的一項調查指出，

豬的用途**多達 185 種**。

當然，最重要的是，牠還**很好吃**……

無論是**中餐**裡

肥而不膩、酥香美味的**東坡肉**，

酸甜開胃的**咕咾肉**，

養生鮮美的**豬肚湯**，

還是西餐裡香味濃郁的**培根**、

肉感十足的**德國香腸**……

縱觀**中西**，

豬都是美食界的**重量級存在**！

其實，正如豬**並不**像看起來的那麼**蠢**和**懶**，

世上有很多人和事都**不能只看表象**。

在這個**資訊爆炸**的年代，

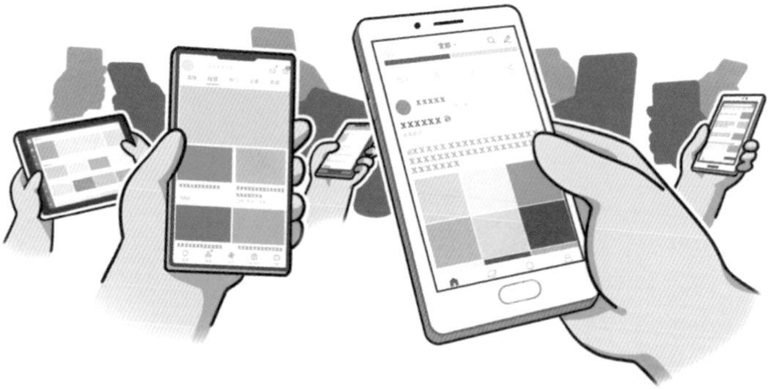

在下結論之前，
不妨多點**觀察、分析和思考**，

那可能讓你更加**接近真實**。

【完】

附錄

【絕世「猛豬」】

希臘神話裡有一個卡呂冬城邦。它的國王在祭祀時漏了女神阿爾忒密斯，女神就派怪獸「卡呂冬野豬」去報復。這隻豬體形巨大，嘴巴能噴出閃電，要很強的英雄們合力才能將牠打敗。

【心機豬】

豬能換位思考。英國研究人員發現，如果將食物藏起來讓兩隻豬去找，在一隻事先知道食物位置而另一隻不知道的前提下，前者會想盡辦法甩開跟蹤，自己吃，後者則一直企圖跟蹤牠。

附錄

【東坡肉】

東坡肉是江浙傳統名菜。相傳是由宋代大文豪蘇東坡所創，作法是將豬肉切為大長方塊，加醬油及酒燉製。做好後色澤透亮、軟而不爛、肥而不膩，就算老人也能大快朵頤。

【怕冷的小豬】

據統計，被母豬壓死，占據小豬死亡原因的首位。一個重要原因是小豬剛出生的時候比較怕冷，常常靠在母豬旁邊取暖。為此養豬人會設置加熱燈將小豬吸引到安全區域，以避免悲劇發生。

附錄

【髒兮兮的豬】

豬喜歡在泥漿裡打滾。之所以這麼做，是因為豬的皮膚排汗功能很弱，沒法透過汗液蒸發帶走熱量。所以泥漿就變成了牠們的替代工具，泥漿裡的水分蒸發後，會帶走部分熱量。

【電玩豬】

美國一項研究顯示，豬能學會玩一些簡單的電子遊戲。在試驗中，測試員讓豬操縱搖桿玩電子遊戲，只要過關就能獲得食物。結果，豬不僅順利過關，而且就算沒食物了，也會繼續玩。

另外就是

二十世紀以來，全球掀起了一股將豬當成寵物的熱潮。以一九五〇年後走紅的越南大肚豬為例，因為比起肉用豬小得多，又大腹便便、形象可愛，牠們在美國成為風靡一時的寵物豬。豬豬的聰明、可愛，也讓人見識了牠們的治癒能力。美國的舊金山機場會利用寵物豬來緩解旅客等待時的焦慮，佛羅里達州也有利用寵物豬治療士兵創傷後壓力症候群的案例。然而，雖然寵物豬看上去令人喜愛，但由於品種和飼養方法的不同，大部分只有在幼年時期才是嬌小可愛的樣子。隨著牠們的體形逐漸長大，很多會遭到主人的嫌棄甚至被拋棄。有報導顯示，在寵物豬飼養最流行的美國，高達九〇%的寵物豬最後會被送到動物救助站或收容所，絕大部分寵物豬最後只能在收容所終老或者被安樂死。所以，如果有意養一頭寵物豬，請務必事先充分作好考察和準備，並接納牠可能會變大的事實。

肥志與小黃

四格小劇場

【第44話　快了也沒用】

逃避是解決不了問題的！快做！
作業太多了！我根本做不完呀！
嘿，法寶！
它能改變動作的速度。
哇！感覺做題速度可以翻好幾倍！
十分鐘後
可是……動作快了，但我還是不會做啊……
這個就算法寶也改變不了啊！

鶺鴒的原來如此

你一定吃過**鵪鶉蛋**吧！

不論是**香炸**，

鹽焗，

還是**麻辣燙**，

它**彈彈**的口感總是讓人入口**難忘**！

那麼，**問題**來了——

你知道鵪鶉蛋的**「媽」**
長**怎樣**嗎？

鵪鶉，
是**雞形目**大家庭中
體形**最小**的一員，

也就是說，跟**雞**是遠房**親戚**。

鵪鶉的頭很**小**，

身子**圓**，

非常喜歡生活在
密密的**草叢**和**灌木**裡。

這種飛不高也飛不遠的**「小雞仔」**

為了**保命**，
還進化出了一身**「迷彩」**的羽毛，

只**可惜**……

還是被我們的祖先**發現**了……

根據《**詩經**》的記載，

鵪鶉早在**周代**就成了古人的**盤中餐**，

還是百姓進貢給貴族的**貢品**。

但……吃著吃著人們發現，

牠們有個**好鬥**的特點，

為了一點飼料，
兩隻**雄鵪鶉**很容易就打起來。

因為這個**特性**，

「鬥鵪鶉」從**唐代**開始
就發展成了人們的一項**娛樂愛好**。

上至**帝王**，

下到**百姓**，

都很**迷**牠！

例如：明代皇帝**朱瞻基**

就是一位「鬥鵪鶉」的**資深**玩家，

雖然跟老爹一起開創了有名的**「仁宣之治」**，

但他真的**很愛**「鬥鵪鶉」……

故宮博物院裡
至今還藏有一幅
他和鶴鶉同框的**名畫**。

到了清代，
民間還總結出了詳細的
「玩家攻略」——**《鶴鶉譜》**，

一隻鶺鴒只有經過**飲食控制**、

嚴格訓練，

最後，才有**資格**成為真正的**「選手」**！

而且**家養**的鵪鶉還**不行**，

野鵪鶉，才是他們心中**優質**的戰士！

正因為這樣，
人們抓了鵪鶉基本上**不考慮**傳宗接代，

而是直接就會送上**「戰場」**。

以至於很長一段時間，古人都以為
鵪鶉是**田鼠之類**的動物變來的，

鵪鶉蛋自然也就**沒人關注**了。

那麼，鵪鶉蛋是**誰推薦**給我們的呢？

答案是**日本人**。

室町時代，日本貴族也**流行**「鬥鵪鶉」，

不過不是**比武力**，

而是……**比歌喉**。

人們相信鶺鴒的爭鳴
會**鼓舞**武士的**士氣**，

於是乎，鵪鶉**還會**被帶著**上戰場**。

這可極大地**刺激**了鵪鶉**養殖業**。

要**繁殖**就得讓鵪鶉下蛋，

鵪鶉蛋就這麼**被重視**了起來。

明治維新後不久，以**下蛋**為目的的

鵪鶉養殖業得到**大規模**發展，

註：KPI，Key Performance Indicator 的字首縮寫，
意思是「關鍵績效指標」。

呃……可惜**好景不長**……

第二次世界大戰爆發了，

註：boom，擬聲詞，指炮彈爆炸聲。

許多養殖場**遭受**到空襲的**波及**，

加上戰後的**糧食危機**，

人都**吃不飽**，更何況鶺鴒……

這時，一位不甘心的**大叔**出現了！

他就是鶺鴒養殖的**「死忠粉絲」**——

鈴木經次。

抱著**「一定要讓大家**
再次吃到鶴鶉蛋」的決心，

鈴木跑到離家 **300 多**公里外的東京，

才找到了**幾顆**
在戰亂中**倖存**下來的鶴鶉蛋。

經過精心**呵護**，他重新**培育**出了
有優良**生蛋能力**的品種，

鶴鶉養殖業這才算**起死回生**。

1965 年，日本的鶴鶉**養殖量**
恢復到了戰前的 **200 萬隻**。

鈴木經次也因此被尊稱為**「養鶉業之父」**。

而這種**超級能生**的日本鵪鶉
隨後**出口**到了世界各地，

鵪鶉蛋的美味**走向世界**。

作為**美食大國**的我們自然也不例外，

從 1950 年代從國外引入至今，

中國早已是**世界第一**的鵪鶉大國！

2006 年，我國的鵪鶉飼養量已達 **2 億隻**，

是世界總量的**五分之一**。

而鵪鶉蛋也成了飯桌上**常見**的食品。

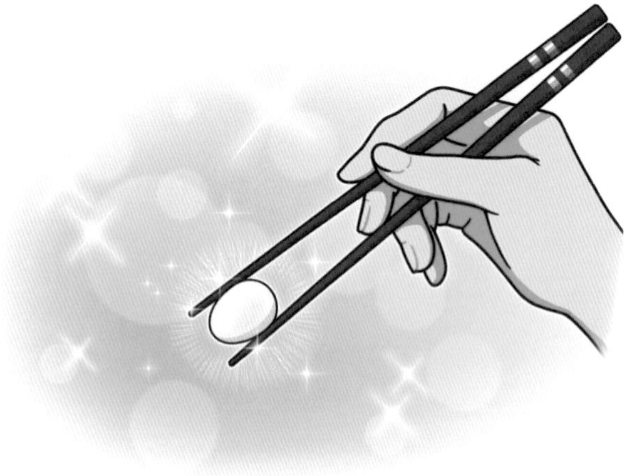

例如：**茄汁虎皮鵪鶉蛋**、

五香滷鵪鶉蛋、

鵪鶉蛋紅燒肉……

鵪鶉會打架那一面……
似乎已經被我們**遺忘**了。

隨著人類文明的**進步**，我們學會了

放棄用鵪鶉取樂的**粗暴**遊戲，

轉而**善用**他們的潛能，

找到了更加**互惠共存**的方法。

雖然**不能**經常見到牠們，

但對牠們**來之不易**的饋贈，

我們可要多多**感恩**和**珍惜**呀！

【完】

附錄

【機智的媽媽】

有研究顯示，鵪鶉媽媽事先就知道自己的蛋會是深色還是淺色，然後把蛋下到牠們認為顏色更接近的環境裡。因此，牠們在生蛋前會仔細比較周邊的環境，直到找到滿意的位置為止。

【寓意平安】

因為「鵪」與「安」同音，古人還經常會用鵪鶉來代表平安。例如，鵪鶉圖案出現在如意上就叫「平安如意」；鷺鷥、鵪鶉一起出現在同一個瓶子上，就湊成了一「路」「平」「安」。

附錄

【掉色蛋】

鵪鶉蛋上的斑點是可以擦掉的。曾經有人買了掉色的鵪鶉蛋，以為是假的。實際上，鵪鶉蛋上的斑點是母鵪鶉輸卵管壁分泌的色素染上的。因為是「染色」，所以容易掉色。

【馬雅神話】

據說古代中美洲的馬雅人有一個關於鵪鶉飛不高的神話：鵪鶉原本是神最愛的鳥，但它卻聯合黑暗之王，想要推翻神，建立只有鵪鶉的新世界。陰謀敗露後，神罰牠永遠被困在地上。

附錄

【便便當飼料】

鶺鴒因為腸子短，不能完全吸收食物裡的營養物質，排出的便便裡還有大量蛋白質和微量元素。因此處理後的鶺鴒糞便不僅可以當作肥料，還能加進飼料給豬或魚吃。

【「鬥鶺鴒」賭博】

靠「鬥鶺鴒」來賭博的風氣，在清代相當氾濫。雍正皇帝對此非常反感，曾下令禁止在京城「鬥鶺鴒」。可惜禁令的效果並不好，京城遊手好閒的富家子弟們還是沉迷於此，賭得不亦樂乎。

另外就是

考古學家根據埃及金字塔裡的圖畫推測，鵪鶉蛋可能在四千年前就登上了古埃及國王的食譜。而且直到今天，它也依然是人們喜愛的食材。

因為除了口感好之外，鵪鶉蛋還有很高的營養價值。與我們常吃的雞蛋相比，相同重量的鵪鶉蛋含有更多的蛋白質、卵磷脂、維生素B群和鐵等微量元素。這些營養成分對於處在生長發育期的兒童和青少年來說尤為重要。其中，卵磷脂是人體組織細胞的重要成分，它有益於大腦發育，還有利於降低膽固醇、軟化血管等。在胺基酸含量方面，鵪鶉蛋與雞蛋也幾乎相同。鵪鶉蛋能提供人體日常所需的絕大部分胺基酸，有的能幫助我們吸收鈣，有的能降低糖尿病風險……我們人體自身只能合成部分胺基酸，因此靠鵪鶉蛋等食物來補充胺基酸就很重要。當然，世上沒有絕對完美的食材。根據營養學家的建議，保持均衡的飲食才是更有益於健康的做法。

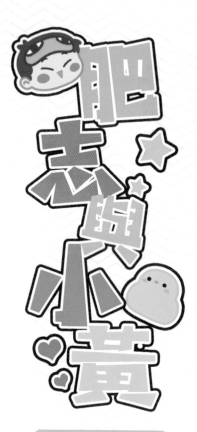

肥志與小黃

四格小劇場

【第45話 智慧糖果】

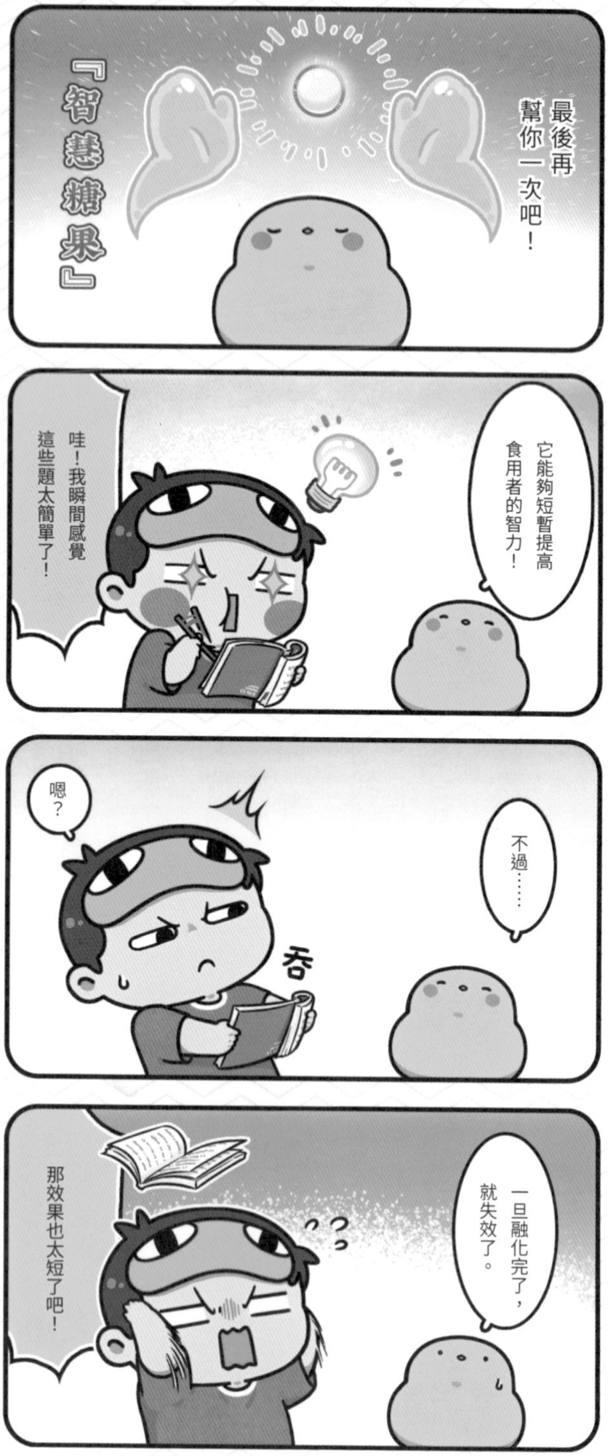

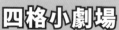

無尾熊的原來如此

你覺得……

哪種動物最——**懶**呢？

是圓滾滾的**大熊貓**？

還是兇萌兇萌的**小熊貓**？

其實……還有一隻
真的動都**不怎麼動**的傢伙……

牠，就是**無尾熊**

註：無尾熊，即 koala，大陸稱「考拉」，香港稱「樹熊」，台灣稱「無尾熊」。

雖然**最懶動物**沒有排名，
但牠實在是**「癱」**得不像樣。

無尾熊是一種身材短圓的**哺乳動物**，

視力差，

動作慢，

腦子嘛……

嗯，也真的**不發達**……

簡直什麼天賦都**沒有**。

硬要說**特別的**技能，

也就數牠在**「吃」**這方面的技能了。

無尾熊的主要食物是**桉樹葉**，

這種樹葉**能量低**、**難消化**，

更糟的是……**還有毒**！

在別的動物都**避之大吉**的時候，

無尾熊卻可以**從容**地嚼著，

這得益於一件**「傳家寶」**，

就是牠媽媽的**屎**……

是的，無尾熊寶寶出生後**半年**
就要**吃**媽媽的**便便**。

成年無尾熊的軟便裡
含有能消化桉樹葉的**腸道菌群**，

透過這種方式**一代一代**傳下去。

不過桉樹葉還是**很難**消化的。

所以無尾熊**每天**會有 **20 個小時**

專門用來消化牠們，

也就是進入了**「待機」**模式……

這期間無尾熊基本上**一動也不動**，

連**喝水**都改由**桉樹葉裡**攝取。

這個現象讓當地的**原住民**覺得
無尾熊是不用喝水的**「神獸」**，

乾脆把牠們當成**圖騰**

崇拜了幾萬年。

這本來挺好的，

直到有一天

英國殖民者來了⋯⋯

18 世紀末，

英國人開始大量移民**澳洲**，

並逐步宣稱澳洲是他們的**「領土」**。

他們在殖民之餘，
也發現了**無尾熊**這種「小可愛」，

蓬鬆又防水的皮毛真是極品啊！

呆萌的無尾熊開始遭到瘋狂**捕殺**，

大量的無尾熊**皮毛**被運往海外，

製成**歐美**流行的**大衣**、**帽子和手套**。

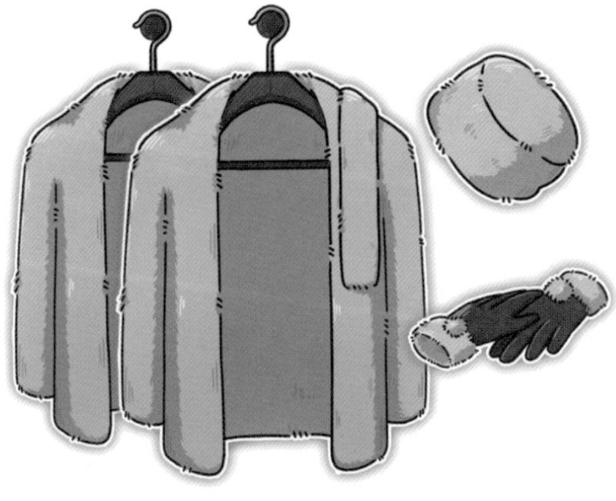

有數據顯示，

從 1888 年開始的 **40 多年**裡，
就至少有 **800 萬**隻無尾熊慘遭殺害，

無尾熊的總數暴跌了近 **80%**，

這簡直給無尾熊帶來了**滅頂之災**！

眼看著這些小傢伙如此悲慘，

一個**轉機**出現了——

嗯……這還得從澳洲**「獨立」**講起，

聯邦政府的成立
讓「澳洲」從一個地名
變成了一個**國家概念**，

移民們的**後代**
也不再把自己視為**殖民者**，

而是把澳洲當成**祖國**，

其中就包括一個叫**諾曼・林賽**的漫畫家。

林賽居住在無尾熊出沒的**澳洲東部**，

他的**作品裡**
常常會出現無尾熊的身影。

1918 年，
林賽出了一本
有關叢林冒險的**兒童讀物**，
（《魔法布丁》）

主角正是一隻機智活潑的**無尾熊**（Bunyip Bluegum）。

由於故事精采又富有想像力，

這本書不僅被譽為澳洲童書的**經典**，

還讓無尾熊的**卡通形象**
變成了澳洲人的**驕傲**！

此後，**捕獵**無尾熊
開始受到社會各界的**反對**，

註：to protect the koala/save koala，保護 / 拯救無尾熊；
peace and love，愛與和平；stop hunting，停止捕獵。

甚至連垂死的**病人**都來請願**抗議**。

最終，澳洲**政府**宣布：

立法禁止無尾熊貿易。

可憐的無尾熊才**逃脫**了被捕殺的命運。

那無尾熊又是怎麼紅出澳洲，

走向世界的呢？

答案就是因為**可愛**！

你看牠那**圓滾滾**的樣子，

一動也不動地**蜷縮**在樹上，

加上**無辜**的小眼神，

很容易就能**喚起**人們疼愛的**本能**。

關於這一點，
「中毒」最深的是**日本人**。

1980 年代，
日本一家動物園
率先從澳洲**引進**了 2 隻無尾熊

註：「卡哇依」是日語「可愛」的音譯。

動物園特地給牠們建造了一座

950 平方米的「豪宅」。

註：平方米，square meter，面積單位，香港稱平方米，台灣稱公尺。

園裡不僅有 **45000 棵**桉樹，

還有全天 **24 小時**的監控系統，

每天都有「無尾熊粉絲」

特地從各地趕來圍觀。

日本很多**企業**

也趁熱推出了有無尾熊形象的**餅乾**、

玩偶

和**卡通周邊**，

註：koala forest，無尾熊森林。

反正就是換著方法向無尾熊**示愛**。

而我們**中國**現在也有無尾熊落戶，

2007 年還誕生過罕見的**雙胞胎寶寶**，

一時轟動全世界。

如今，無尾熊已經成了

澳洲的**動物明星**。

即便在重大的**國際會議**（G20 峰會）上，

註：G20 峰會，指二十國集團領導人參加的國際性會議。

我們也能**看見**牠們可愛的**身影**。

人們意識到

無尾熊仍是一種**脆弱**的生命，

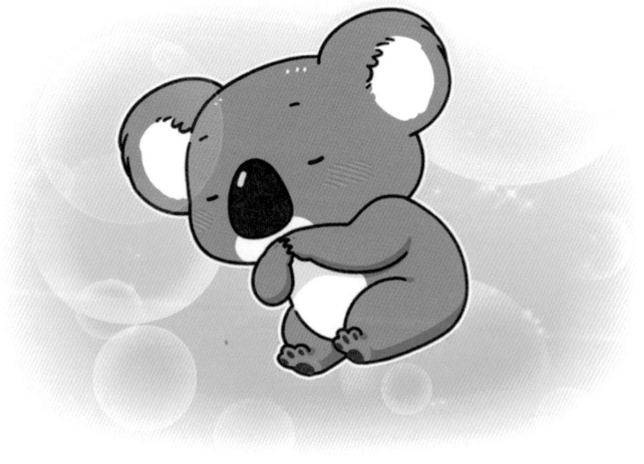

氣候變暖、

人類的活動，

以及意外的**火災**

都在日益**減少**

牠們**賴以生存**的棲息地……

要保護這種萌萌的傢伙，

還需要**人類攜手**做出更多努力！

希望牠們能陪著我們

一直在這個星球上**繁衍下去**。

【完】

附錄

【不是熊】

雖然被叫作無尾熊、樹袋熊，但無尾熊其實不是熊。牠們跟袋鼠的關系更近，屬於「有袋動物」。而且，無尾熊腹部的育兒袋開口是向下的，這樣小無尾熊只要探出頭來就能吃屎……

【腦子進水】

無尾熊看起來呆萌，實際上腦子……也確實不太好。牠們的顱腔裡只有 61% 是大腦，剩下的是用來緩衝震動的腦脊液。換句話說，牠們圓滾滾的大腦袋裡將近一半都是水……

附錄

【無尾熊童話】

林賽創作《魔法布丁》的初衷是和朋友打了個賭，他覺得比起「精靈」，孩子們會更喜歡跟「食物」有關的童話。這才寫了無尾熊和朋友們一起守護一塊永遠吃不完的布丁的故事。

【媽寶】

小無尾熊是由媽媽獨自撫養的。無尾熊寶寶剛生下來時只有一顆糖般大。牠先是在媽媽的育兒袋中成長發育，長大一些後再改由媽媽背著，在出生後一年的時間裡都和媽媽形影不離。

附錄

【感官靈敏】

無尾熊有發達的嗅覺和聽覺。牠們的鼻子相當靈敏，可以從幾百種桉樹中聞出最喜歡吃的品種。牠們的大耳朵也不是擺設，能夠準確聽出小樹枝折斷的聲音或遠遠的腳步聲。

【旅遊招牌】

無尾熊是澳洲旅遊業的一大招牌。2013 年，無尾熊一年就為當地創造了 32 億澳元的旅遊收入。除了當地旅遊局會推薦觀看無尾熊的旅遊路線外，動物園也會以「原生態」為賣點大力宣傳。

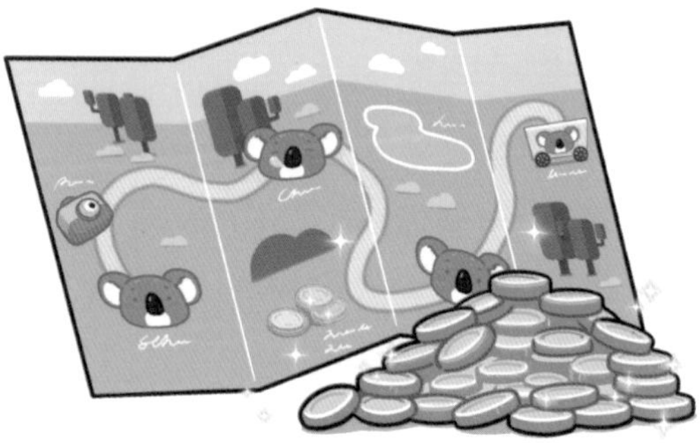

另外就是

現代生物學告訴我們，動物的很多特徵都是由基因決定的。如果能完整地破譯出某種動物的基因組，就能更全面地瞭解牠的生物習性。二〇一八年，經過多個國家的科學家共同努力，終於為無尾熊繪製出了「基因圖譜」。科學家們發現無尾熊有超過二萬六千個基因，這個數字比人類還多五千多個。透過研究這些基因，我們明白了無尾熊許多行為背後的原因。例如，無尾熊在吃桉樹葉之前都會先聞一聞，這是因為牠們比別的食草動物擁有更多的V1R基因。這種基因可以幫牠們探測到很多其他動物不易發現的化學物質，從而分辨不同葉子之間細微的氣味差別，判斷出哪種桉樹的葉子更有營養、更多汁，然後再吃！另外，有專家認為，無尾熊在五萬年前曾遭遇嚴重的病毒感染，而且這種無尾熊逆轉錄病毒（KoRV）最終還將自己整合進了無尾熊的基因組裡，導致部分無尾熊生來就更容易患上白血病、淋巴癌等疾病。

肥志與小黃

四格小劇場

【第46話 擅長數學?】

不就是數學嘛！給我看看！
盯
這也沒什麼難的嘛！
完成
雖然法術學得糟糕，但數學卻意外地擅長!?

羊的原來如此

生肖是中國的**傳統文化**。

而生肖中，
羊是我們非常**熟悉**的動物，

牠長著**白白的**羊毛，

愛吃**青草**……

但……你有沒有想過**一個問題**——

生肖裡的**羊**究竟是**山羊**，

還是**綿羊**呢？

雖然山羊和綿羊**都叫「羊」**，

但牠們其實**屬於**兩個**不同**的大家庭。

例如：**綿羊**通常性格溫順，只知道**吃草**；

而**山羊**呢，

則是個**好奇心重**的「好動寶寶」，

什麼灌木、青草，牠都要去**嚼一嚼**。

我們**祖先**對山羊和綿羊的
馴化可以追溯到**遠古時代**，

只不過
古人最初也**沒分清楚**
牠們有什麼差別。

所以「羊」一開始在**甲骨文**裡
多指**山羊**，

到了後來的古籍《**爾雅**》裡
又變成了**綿羊**⋯⋯

至於羊年**春節**，
更是山羊、綿羊的**圖案**都有⋯⋯

我們似乎……一直**沒太當回事**呢……

然而，生肖是啥羊**無所謂**，

怎麼吃倒是很清楚。

據《**周禮注疏**》記載，

烤母羊早在周代就是

宮廷裡的**頂級**美食。

又大又肥的羊
在此後也一直被視為**絕世美味**。

以至於古籍《說文解字》裡面寫道，
「美」這個字造出來，
就是一個**「羊」**加上一個**「大」**。

到了**宋代**，皇室的**祖制**更是規定
御廚只用羊肉。

像**宋真宗**在位時，
皇宮一年要宰**幾萬頭**羊。

他兒子**仁宗**有一次半夜睡不著，

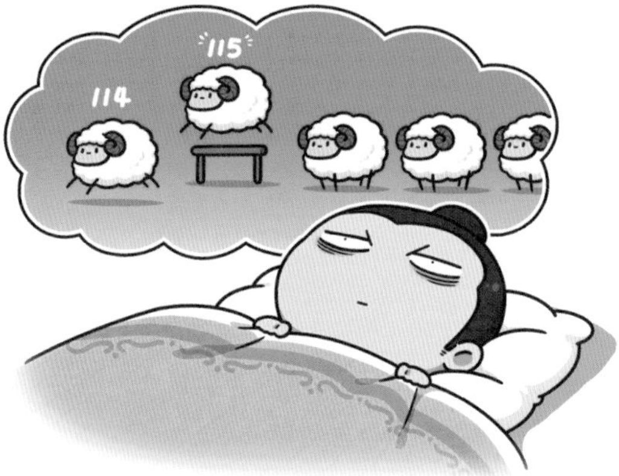

醒來想的也**全是羊肉**。

父子倆簡直是羊肉史上**最強「粉絲」**！

羊肉在人們**心裡**的分量
至此也**徹底**被**確定**。

至於吃的是**山羊**還是**綿羊**……

似乎**沒什麼人關心**……

而在**西方**，山羊和綿羊**自古**
也被認為是**重要的牲畜**。

古希臘**神話裡**
有一隻叫**克律索馬羅斯**的公綿羊，

相傳牠不僅有**翅膀**，

還會**說話**，

死後留下的**金羊毛**
還是傳說中的稀世**珍寶**。

同樣地，山羊的**形象**也是很**不錯**的，

牠被用來**形容**
牧神**「潘」**的形象。

傳說潘神能**加快**牲畜的**繁殖**，

所以在牧民心中非常**受敬仰**。

可惜這種**好形象**
卻因為**中世紀**的到來**毀於一旦**……

在當時信仰**上帝**是社會的**主流**，

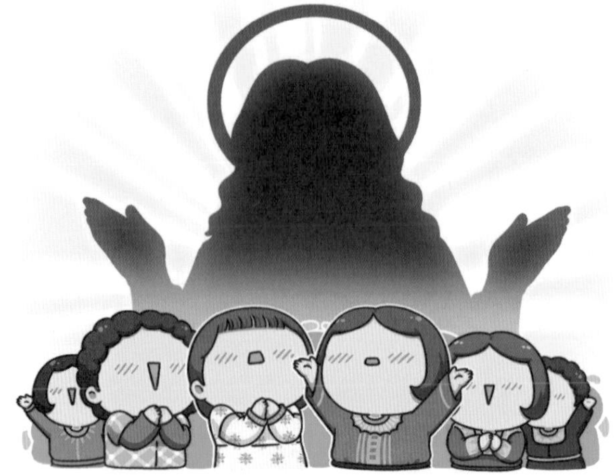

上帝**以外**的神都被視為**異端**。

異端都走開！
神是唯一的！
相信神！

潘神因此**遭到**人們的**嫌棄**，

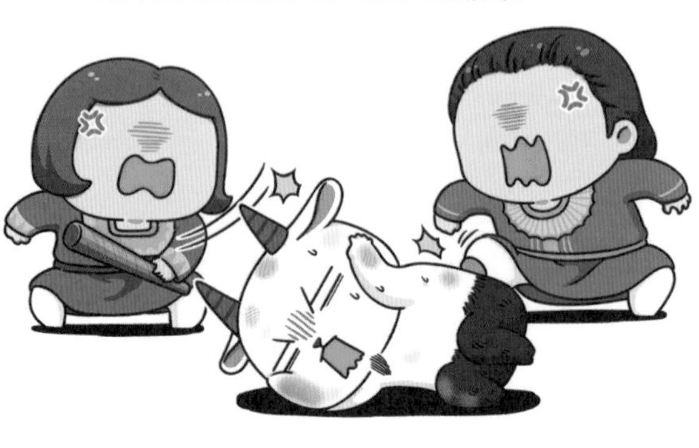

連帶著**山羊**也**躺了槍**……

反觀綿羊就**不得了**了，

因為**《聖經》**裡把耶穌稱為

「上帝的羔羊」，

（羔羊，即 lamb，指還沒長大的綿羊。）

再加上**綿羊毛**也非常**值錢**，

以**英國**為首的歐洲人
就越發地愛上了**養綿羊**。

不過**那時候**的養殖技術可**不怎麼樣**，

很長時間以來，

羊的肥瘦、產毛多少全都**靠運氣**。

這種情況

直到**一個人**的登場才**發生改變**，

他就是 18 世紀的英國**農學家**——

羅伯特・貝克韋爾。

羅伯特・貝克韋爾

Robert Bakewell

羅伯特出身**農場**家庭，

因為早年**遊歷**歐洲，

學會了很多**育種**的新方法。

在他看來，傳統上讓公羊和母羊

混養繁殖的方法非常**不可靠**，

於是，他試著把公羊和母羊**分開**，

只挑選毛多、肉肥的個體**配對**。

最後透過一代代**重複**，

打造出了全世界知名的**萊斯特羊**！

更重要的是，
同樣的**方法**後來也被
用在了**其他牲畜**上。

以山羊為例，
人們透過**人工選擇**培育出了
以**產絨**為主的絨山羊、

以**產肉**為主的肉山羊，

甚至還有以**產奶**為主的奶山羊。

根據**聯合國糧食及農業組織**（FAO）的統計，
綿羊和山羊現在都是羊圈裡的**「老大」**！

2018 年，全世界共有

12 億頭綿羊和 **10 億頭**山羊，

僅次於牛，

分別穩坐**家畜界第二**和**第三**把交椅。

在現代**烹飪技術**的加成下，

牠們的**美味**也在繼續。

例如，西餐裡有**俄式紅酒煎羊排**、

愛爾蘭馬鈴薯燉羊肉……

中餐裡則有著名的**新疆羊肉串**、

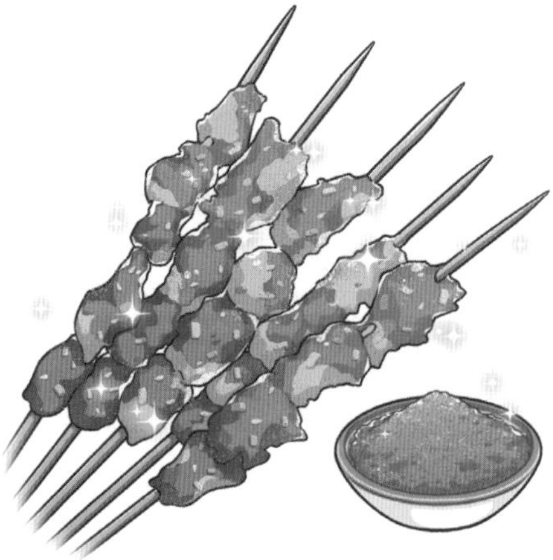

內蒙古烤全羊、

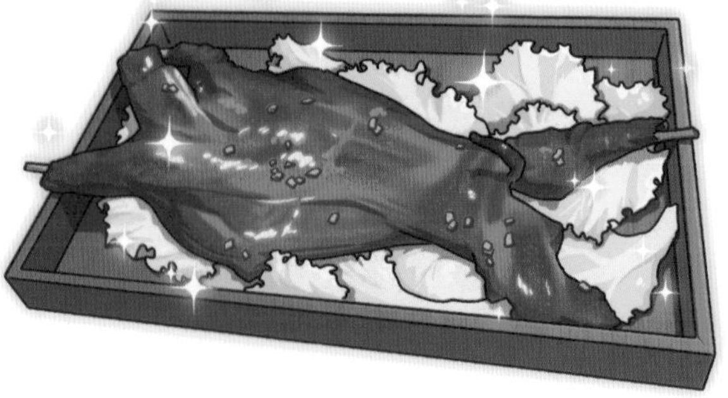

北京的**涮羊肉**……

無論哪種作法都是一等一的**香**！

特別是**秋冬**時節，

一碗**羊肉**端在手裡總會給人一種特別**幸福**的味道。

那種吃完後
身體**充滿能量**的感覺……

彷彿這人間一年的等待**都值得**了！

【完】

附錄

【看人臉色】

山羊能分辨人類的表情。在英國的一項實驗中，研究人員將陌生人生氣和高興的表情分別列印出來貼在牆壁上，讓山羊自行去觀察，結果發現山羊更喜歡靠近有高興表情的圖像。

【廣州別名】

「羊城」是廣州的別名。傳說古代有五個仙人騎著羊到廣州。他們將穀穗賜給當地人，並留下五隻化作石頭的仙羊，祝願廣州以後永無饑荒，「五羊」也因此成了廣州的象徵。

附錄

【代罪羔羊】

「代罪羔羊」是指替人背黑鍋的人。《聖經》裡，上帝想考驗一個叫亞伯拉罕的人是否對自己忠誠，於是讓他獻祭自己的愛子。在亞伯拉罕真的準備照做時，上帝阻止了他，並讓他用羊來代替。

【多莉羊】

世界上第一隻被複製的哺乳類動物，是一隻叫「多莉」的綿羊。正常綿羊的平均壽命是 12 年，而多莉只活了不到 7 年就病死了。牠的死因是否和複製相關，科學界至今還沒有定論。

附錄

【小尾寒羊】

小尾寒羊是中國特有的綿羊品種，能同時產肉和產皮。因為體格大、繁殖率高、生長快，養殖小尾寒羊被廣泛用於商業利用，堪稱「超級綿羊品種」。

【羊的品德】

古人認為羊很有品德。例如，漢代《春秋繁露》記載，羊有角卻不頂人，被殺也不悲鳴，小羔羊喝奶的時候還會跪在地上，是一種很有禮節的動物，作為送人的禮物非常體面。

另外就是

從古到今，羊肉都作為一種美味活躍在人們的餐桌上。喜歡吃的人，固然覺得羊肉肉質鮮嫩、味美多汁；但對不少人來說，羊肉特有的那股膻味卻足以讓他們望而卻步。經過長時間的研究，科學家們終於發現了膻味的奧祕。原來，羊肉的膻味源自於4-甲基辛酸和4-乙基辛酸等物質，而羊肉脂肪中這幾類化合物的含量特別高，一般是其他肉類的幾百倍。

當然，區區膻味難不倒人類。科學家目前正在研究杜絕膻味的辦法，透過改良飼料來改善羊肉的風味就是其中之一，例如，澳洲科學家已開發出一種用向日葵籽、棉籽或花生仁等加工而成的飼料添加物，我國也研發出一款以多種中草藥為原材料的飼料添加劑，兩者都能從源頭上有效降低羊肉裡的膻味物質含量。除此之外，培育低膻味的品種、對羊肉使用除膻劑等新方法也在研究中。或許不久的將來，我們就能吃到完全不膻的羊肉了。

肥志與小黃

四格小劇場

【第47話 計算能力】

沒想到你在數學上這麼厲害！
我們鳳凰一族本就是高智慧生物，
從遠古時期就一直地位非凡。
如今我也身居要職，管理著不少大事，
精密計算的能力是必不可少的！
平時
阿姨，這個菜錢多收了我兩毛！

錦鯉的原來如此

如果一個人**運氣差**，

他會怎麼辦呢？

古人可能會想辦法祈求**神明**的庇佑，

而**現代人**呢？

大概是……轉發**錦鯉**吧。

是的，**轉發**一條**錦鯉**！

錦鯉儼然成了當今網路上的

好運代表。

這……是**為什麼**呢？

錦鯉的**本質**是鯉魚，

鯉魚，大家都**不陌生**。

例如，**紅燒**……

鯉魚是一種
廣泛分布在歐亞大陸的**淡水魚**，

無論是**大江**、**大河**，

還是**池塘**、**稻田**，

都有牠們的**身影**。

中國自古以來就對鯉魚**愛**得深沉。

例如，孔子的兒子就叫**孔鯉**。

而**《詩經》**裡還有這麼一句：

豈其食魚，
必河之鯉？
豈其取妻，
必宋之子？

意思就是：

吃魚一定要吃**鯉魚**嗎？

娶老婆一定要娶**「白富美」**嗎？

雖然是反問句，

但足以證明**中國古人**對鯉魚的**評價**有多高。

而除了**吃**之外，

古人在鯉魚身上還**寄托**了很多美好的**願望**。

像是鯉魚能產**很多卵**，

所以代表**「多子多福」**。

「鯉」和「利」**發音**相同，
那就是**招財**的好兆頭。

註：鯉和利的漢語拼音為 lǐ 和 lì，注音符號為ㄌㄧˇ 和ㄌㄧˋ。

最有名的還是**「鯉魚跳龍門」**的說法。

相傳當年有一座叫**龍門**的大山
擋住了黃河水的**去路**，

導致**洪水**泛濫。

後來大禹為了**疏通河道**，
便把龍門山**劈開**。

於是，鯉魚們得以沿著**逆流**往上游，

且只要**跳過**龍門
就能化身為**龍**。

這個**故事**後來被人們
用來形容**科舉高中**。

在**正常**情況下，
鯉魚都是青背白肚皮，

只有**極少數**會基因**突變**成其他顏色。

我們國家在**西晉**時就曾記載過

專供觀賞的**紅鯉魚**。

像是文人**潘岳**的文章、

閒居賦 西晉潘岳
於是席長筵，列孫子，
柳
車潔
陸摘紫房，水掛頳鯉，
或宴於林，或禊於氾。

唐代大詩人**白居易**的詩歌中

都能看到**紅鯉魚**的身影。

可惜……
那時更加美艷的**金魚**
也同期出道了，

紅鯉魚的人氣「含恨」**落敗**……

不過**幸好**，
鯉魚倒是在**日本**大紅大紫。

歷史上，
日本人也非常**喜歡**鯉魚。

他們用鯉魚象徵**力量**和**勇氣**，

每逢**五月初五**

還會為家裡的男孩升起**「鯉魚旗」**。

註：明治維新後改為西歷 5 月 5 日。

19 世紀末，

日本一個叫「二十村鄉」的窮困地區

也發現了鯉魚的**「變色」**現象，

由於這種鯉魚特別受**富人**追捧，

這高貴的色澤——
斯巴拉西——

註：「斯巴拉西」是日語「太棒了」的音譯。

當地**村民**便拚了命地
「開發」新鯉魚，

唷喔——

最終，一種**紅白相間**的新品種**誕生**了！

這種鯉魚

在 1914 年的一場**博覽會**上大放異彩，

甚至受到了當時**皇太子**的青睞，

於是人們為這種**變色**鯉魚取名**「錦鯉」**。

就這樣，**錦鯉產業**蓬勃發展了起來。

如今，日本已經**開發出**了

十六大類、百餘種**不同的**錦鯉，

它們深受日本人民的喜愛

並被奉為**「國魚」**，

還被作為「特產」**出口**到

世界各個地區，

這當然也包括我們**中國**，

現在中國的很多**公園**裡

也有了**錦鯉**的身影。

因為錦鯉本身的**寓意**
和**網路文化**的傳播，

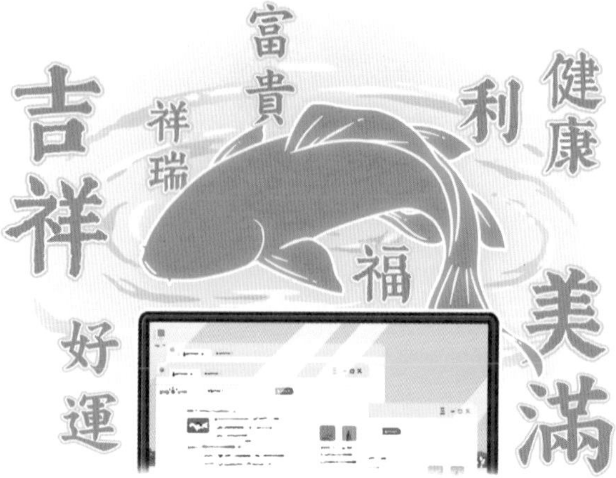

精明的**商家**便把中國傳統的
鯉魚**文化**和錦鯉**結合**起來，

所以錦鯉才跟**好運**畫上等號。

如今錦鯉已經**成為**

我們在**網路中**常見的**詞彙**，

轉發錦鯉**祈福**，

成為**幸運兒**也會自稱「錦鯉」。

錦鯉的原來如此

說到底，

無論是古時候對神明的**祈禱**，

還是如今手機的**轉發**，

甚至是**本命年**穿紅內褲，

年夜飯要**有條魚**……

這些看似**無用**的行為背後，
埋藏的都是對美好生活的**熱情**和**嚮往**。

新一年，新希望！

只要我們懷著**夢想**，

努力**奮鬥**，

說不定……

我們就是那條幸運的**「錦鯉」**呢！

【完】

【范蠡養魚】

春秋巨商范蠡寫過一本《養魚經》，書中記載的鯉魚養殖方法至今仍在使用。有趣的是，他認為鯉魚池的魚如果超過 360 條，就會被蛟龍帶走，所以每隔兩個月要放一隻鱉來「鎮守」。

【沒落的國魚】

相傳唐代時，因為皇帝姓李，「李」又與「鯉」同音，所以鯉魚一直被奉為「國魚」，嚴禁食用。這讓草魚、青魚、鰱魚、鱅魚此後迅速上位，成了中國「四大家魚」，鯉魚也因此逐漸沒落了。

附錄

【鯉魚名菜】

過氣

天津的罾蹦鯉魚，開封的鯉魚焙麵，江西婺源的清蒸荷包紅鯉都是用鯉魚做的名菜。不過由於鯉魚刺多，肉容易有泥腥味，加上如今魚類食材眾多，鯉魚在餐桌上就越來越少見了。

註：罾在漢語拼音裡標示為 zēng，注音符號標示為ㄗㄥ。

【天價錦鯉】

日本最知名的錦鯉品種叫「紅白」，是一種白底紅色花紋的錦鯉。2018 年一場錦鯉拍賣會上，一條叫「S 傳說」的紅白錦鯉，賣出了 2 億 300 萬日圓的高價，折合人民幣 1230 萬元（約折合港幣 1400 萬元，新台幣 5300 萬元）。

WANTED
エスレジェンド
S 傳說
JPY ¥203,000,000

附錄

【魚崇拜】

原始社會時期就有對魚的崇拜。我國西安半坡遺址曾出土過大量以魚為紋樣的彩陶，考古學家認為這些魚紋既象徵著漁業和農業的豐收，也包含古人對人丁興旺、部族強盛的祈願。

【金鱗赤尾】

成年鯉魚體側帶金黃，尾鰭下葉呈紅色，在民間也被稱為「金鱗赤尾」。古人相信這種鯉魚若跳過龍門，會有雲雨跟隨，然後又有雷火從後面燒掉牠們的尾巴，最終變成龍。

另外就是

我們之所以會在網路上轉發錦鯉，除了鯉魚是好運的代表外，還可能跟一種叫作「安慰劑效應」的心理因素有關。

「安慰劑」在醫學上指不含任何藥理成分的藥劑。它本身沒有任何治療作用，主要用於安撫病人。然而，在長期的臨床治療中，醫生卻發現了一個有意思的現象：即便在安慰劑沒有止痛作用的情況下，一些患者在服用安慰劑時，因為內心相信自己吃的是「止痛藥」，結果疼痛症狀真的得到了緩解。

這當然不是什麼「精神魔法」，而是因為我們對於疼痛減輕的「期待」，會引起一系列的大腦活動。科學家發現，這種活動和止痛藥引起的大腦活動有相似之處，都能刺激我們體內的疼痛調節系統，進而「止痛」。相對地，「轉發錦鯉」不一定能改變運氣，但它的作用卻像「精神安慰劑」，會給人積極的心理暗示，從而降低焦慮、增加積極性。所以，轉發或許還有益身心唷。

肥志與小黃

四格小劇場

【第48話　實際運用】

我是肥志，正在接受小黃的補習。
她果然擅長算數，但我總覺得她的思維方式有些詭異……
例如……
第五題：
水果攤的蘋果2.5元一個，
你買了11個，
老闆應該收27元。
這道題為什麼是27啊？不應該是27.5嗎？
不要一本正經地說這種話！
你都買這麼多了，老闆當然會把零頭去掉的啊！
理直氣壯

樂 觀 與 勇 敢

BE BRIGHT & BRAVE

FATCHI ENCYCLOPEDIA